KB249067

몬스터 수학 도형 찾기
동글동글 해님은 원이야
매들린 타일러 글
에이미 리 그림
이계순 옮김
기린미디어

도트가 여러 가지 도형으로
그림을 그리려고 해.

그런데 도형이 뭐냐고?

도형은 우리 주위에 있어!

원
정사각형
직사각형
삼각형
이런 것들이 전부 도형이야.

이건 원이야.

원은 선이 하나야.
각은 없어.

반짝반짝 해님은 원이야.

알록달록 풍선도
왼이지.

이건 삼각형 이야.
10

삼각형은 세 개의 직선과
세 개의 각으로 이루어져 있어.
세 직선의 길이는
전부 같을 수도 있고,
다를 수도 있어.

냠냠! 맛있는 샌드위치는 삼각형이야.

삼각형처럼 생긴 나무들도 있어.

이건
정사각형이야.
14

정사각형은 네 개의 **직선**과

네 개의 **각**으로 이루어져 있어.

네 직선의 길이는 전부 같아.

이 창문은 정사각형이야.

이 책도 정사각형이지.

이건
직사각형이야.

직사각형은 네 개의 **직선**과

네 개의 **각**을 가지고 있어.

현관문을 한번 봐.
어때?
직사각형이니?

자는

아주 긴 직사각형이야.

도트는 여러 가지 도형을 그렸어.

그런데
이 도형들을
모으면
어떤 그림이
될까?

바로 공룡이야!
24

MONSTER MATHS

SHAPES

영어판

WRITTEN BY

MADELINE TYLER

ILLUSTRATED BY

AMY LI

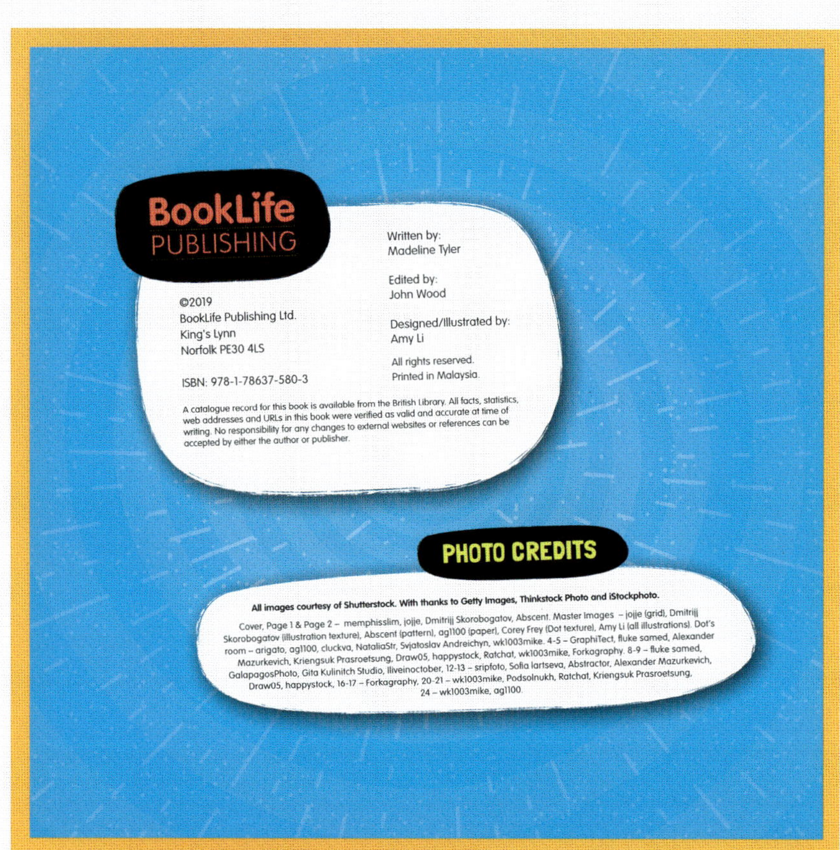

BookLife PUBLISHING

©2019
BookLife Publishing Ltd.
King's Lynn
Norfolk PE30 4LS

ISBN: 978-1-78637-580-3

Written by:
Madeline Tyler

Edited by:
John Wood

Designed/Illustrated by:
Amy Li

All rights reserved.
Printed in Malaysia.

A catalogue record for this book is available from the British Library. All facts, statistics, web addresses and URLs in this book were verified as valid and accurate at time of writing. No responsibility for any changes to external websites or references can be accepted by either the author or publisher.

PHOTO CREDITS

All images courtesy of Shutterstock. With thanks to Getty Images, Thinkstock Photo and iStockphoto.

Cover, Page 1 & Page 2 – memphisslim, jojje, Dmitrijj Skorobogatov, Abscent. Master Images – jojje (grid), Dmitrijj Skorobogatov (illustration texture), Abscent (pattern), ag1100 (paper), Corey Frey (Dot texture), Amy Li (all illustrations). Dot's room – arigato, ag1100, cluckva, NataliaStr, Svjatoslav Andreichyn, wk1003mike. 4-5 – GraphiTect, fluke samed, Alexander Mazurkevich, Kriengsuk Prasroetsung, Draw05, happystock, Ratchat, wk1003mike, Forkagraphy. 8-9 – fluke samed, GalapagosPhoto, Gita Kulinitch Studio, Iliveinoctober, 12-13 – sripfoto, Sofia Iartseva, Abstractor, Alexander Mazurkevich, Draw05, happystock, 16-17 – Forkagraphy, 20-21 – wk1003mike, Podsolnukh, Ratchat, Kriengsuk Prasroetsung, 24 – wk1003mike, ag1100.

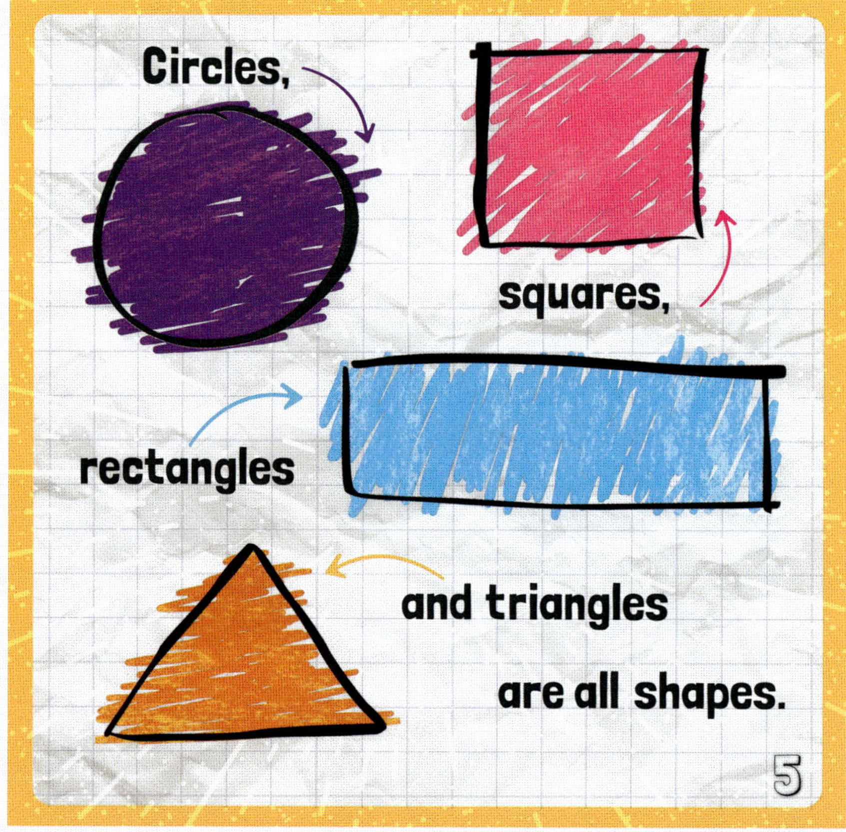

This is
a CIRCLE.
6

Circles have one SIDE
and no CORNERS.
7

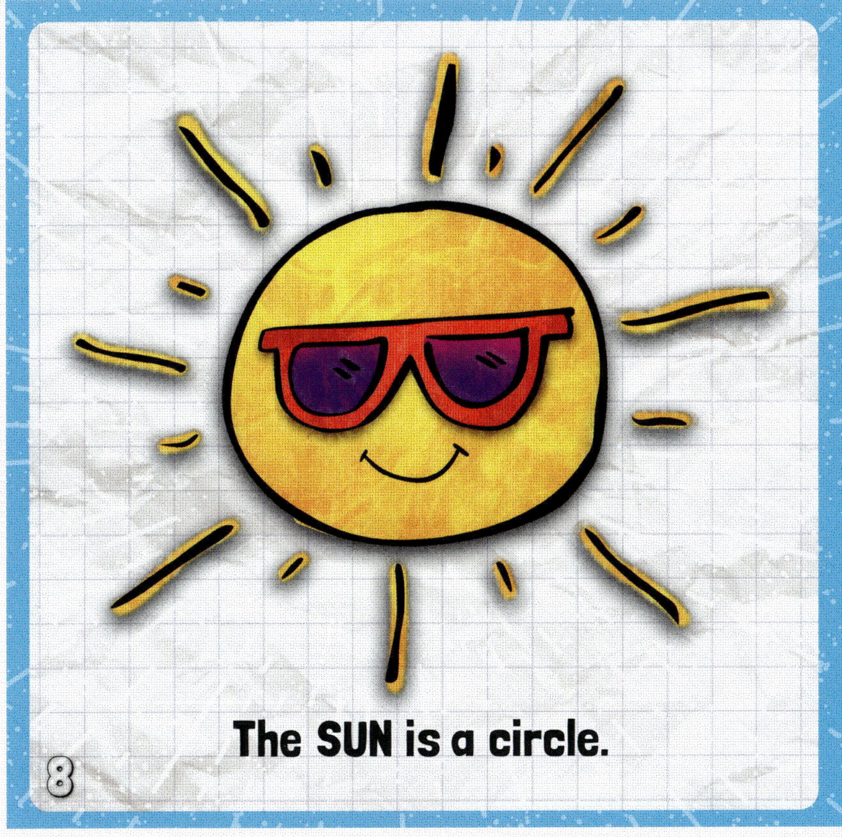

The SUN is a circle.
8

BALLOONS can
be circles, too.
9

This is a **TRIANGLE**.

10

Triangles have three **SIDES** and three **CORNERS**.

These sides can be the same length, or different.

11

SANDWICHES can be triangles.

12

Some **TREES** look like triangles.

13

This is
a SQUARE.
14

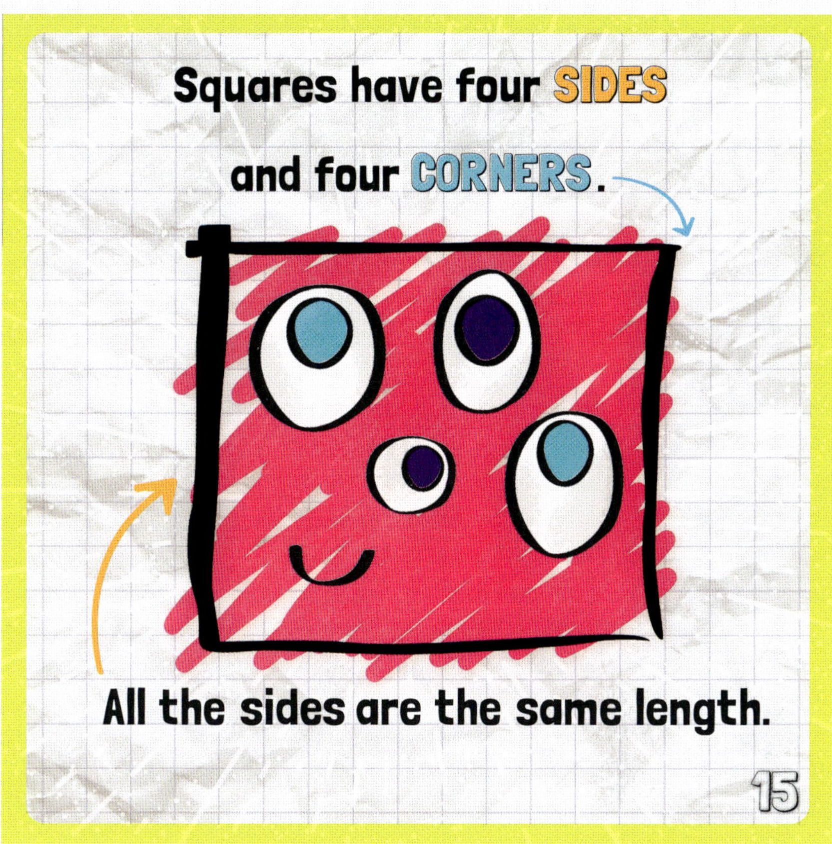

Squares have four SIDES
and four CORNERS.
All the sides are the same length.
15

Your WINDOWS might be square.
16

This BOOK is square.
MONSTER MATHS
SHAPES
17

This is
a RECTANGLE.
18

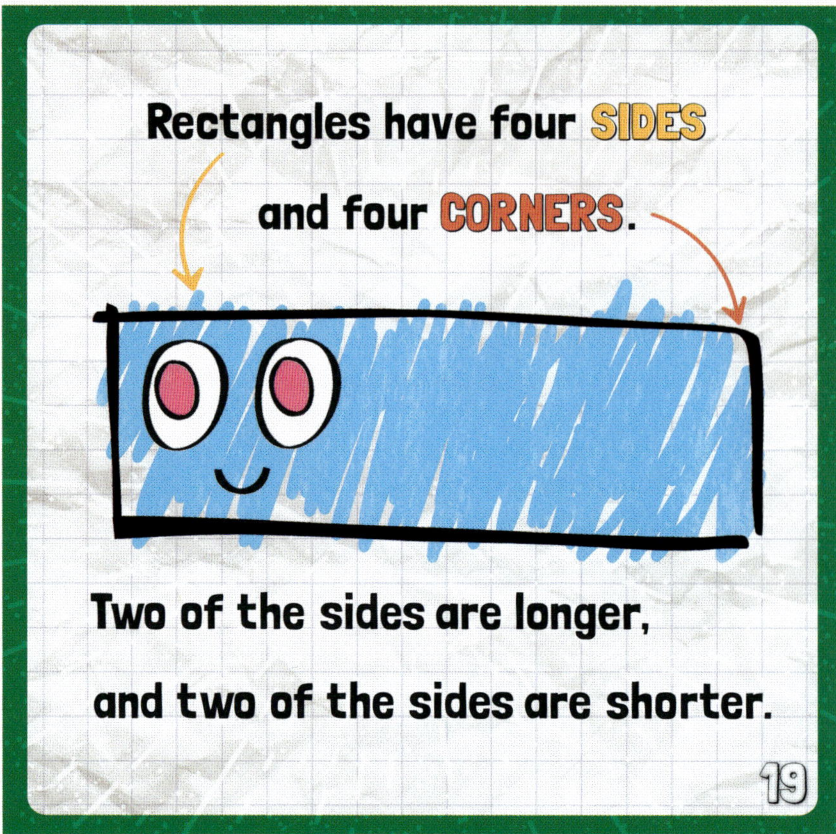

Rectangles have four SIDES
and four CORNERS.
Two of the sides are longer,
and two of the sides are shorter.
19

Are the DOORS
in your house
rectangles?
20

RULERS are
1 2 3 4 5
very long rectangles.
21

Dot has drawn
lots of shapes!
me

But what
picture
will they
make?

A DINOSAUR!

몬스터 수학 도형 찾기

동글동글 해님은 원이야

초판 1쇄 인쇄 2020년 12월 4일 | 초판 1쇄 발행 2020년 12월 10일
글쓴이 매들린 타일러 | 그린이 에이미 리 | 옮긴이 이계순
펴낸이 김민영 | 책임 편집 이정은 | 디자인 박두레
펴낸곳 기린미디어 | 등록 2016년 4월 26일 제 2016-000009호
주소 경기도 김포시 모담공원로 17
전화 0505-302-2381 | 팩스 0505-300-2381 | 전자우편 girinmedia@daum.net

ISBN 979-11-91142-04-4 74410
    979-11-91142-00-6 (세트)

이 도서의 국립중앙도서관 출판예정도서목록(CIP)은 서지정보유통지원시스템 홈페이지(http://seoji.nl.go.kr)와
국가자료공동목록시스템(http://www.nl.go.kr/kolisnet)에서 이용하실 수 있습니다.   (CIP제어번호 : CIP2020039373)

MONSTER MATH: SHAPES
Written by Madeline Tyler, Edited by John Wood, Designed/Illustrated by Amy Li
Copyright ⓒ 2019 Booklife Publishing
All rights reserved.
Korean translation copyright ⓒ GIRIN MEDIA 2020
Korean translation rights are arranged with Booklife Publishing through B.K. Norton and AMO Agency.
이 책의 한국어판 저작권은 AMO에이전시를 통해 저작권자와 독점 계약한 기린 미디어에 있습니다.
저작권법에 의해 한국 내에서 보호를 받는 저작물이므로 무단 전재와 무단 복제를 금합니다.

*책값은 뒤표지에 표시되어 있습니다.

*파본이나 잘못된 책은 구입하신 곳에서 바꿔드립니다.

품명 아동 도서 | 사용연령 5세 이상 | 제조국 대한민국 | 제조년월 2020년 12월 10일 | 제조자명 기린미디어
연락처 0505-302-2381 | 주소 경기도 김포시 모담공원로 17
주의사항 종이에 베이거나 긁히지 않도록 조심하세요. 책 모서리가 날카로우니 던지거나 떨어뜨리지 마세요.
KC마크는 이 제품이 공통안전기준에 적합하였음을 의미합니다.

사진 출처

Shutterstock, Getty Images, Thinkstock Photo, iStockphoto
표지, p1-2 : memphisslim, jojje, Dmitrijj Skorobogatov, Abscent. 마스터 이미지 : jojje(격자 무늬), Dmitrijj Skorobogatov(그림 질감), Abscent(패턴), ag1100(종이), Corey Frey(도트 질감), Amy Li(모든 그림). 도트의 방 : arigato, ag1100, cluckva, NataliaStr, Svjatoslav Andreichyn, wk1003mike. p4-5 : GraphiTect, fluke samed, Alexander Mazurkevich, Kriengsuk Prasroetsung, Draw05, happystock, Ratchat, wk1003mike, Forkagraphy. p8-9 : fluke samed, GalapagosPhoto, Gita Kulinitch Studio, Iliveinoctober, p12-13 : sripfoto, Sofia Iartseva, Abstractor, Alexander Mazurkevich, Draw05, happystock, p16-17 : Forkagraphy, p20-21 : wk1003mike, Podsolnukh, Ratchat, Kriengsuk Prasroetsung, p24 : wk-1003mike, ag1100

글쓴이 **매들린 타일러**

60여 권의 책을 쓴 재능있는 작가입니다. 대학에서 비교문학을 전공했습니다. 지역 학교에서 어린이들의 독서를 돕는 활동으로 대학 자원 봉사상을 수상하기도 했습니다.

그린이 **에이미 리**

어릴 적부터 자신만의 이야기를 쓰고 그림을 그리는 등, 책과 그림에 대한 열정을 보여왔습니다. 대학에서 그래픽 디자인과 일러스트레이션을 전공했습니다. 80여 권이 넘는 책의 디자인과 일러스트레이션을 작업했습니다.

옮긴이 **이계순**

서울대학교를 졸업했고, 인문사회부터 과학에 이르기까지 폭넓은 분야에 관심을 갖고 공부하는 것을 좋아합니다. 좋은 어린이 · 청소년 책을 우리말로 옮기는 일에 힘쓰고 있습니다. 옮긴 책으로 《그해 여름 너와 나의 비밀》, 《캣보이》, 《1분 1시간 1일 나와 승리 사이》, 《말똥말똥 잠이 안 와》, 《지키지 말아야 할 비밀》, 〈공룡 나라 친구들 시리즈(전11권)〉 등이 있습니다.

몬스터 수학 시리즈

친절하고 귀여운 몬스터들과 함께 배우는 재미난 수학!
어느새 수학이 신나는 놀이처럼 느껴질 거예요.
책 맨 뒤에는 영어 원서도 수록되어 있어서
수학도 배우고 영어도 익힐 수 있어요.

숫자 세기 **신나는 생일 파티**
측정하기 **누가 누가 빠를까?**
규칙 찾기 **반짝반짝 목걸이 만들기**
도형 찾기 **동글동글 해님은 원이야**
덧셈 **모두 모두 모여라!**
뺄셈 **일곱 마리 강아지**
돈 세기 **이 사탕 얼마예요?**
시계 보기 **지금 몇 시야?**

매들린 타일러 글, 에이미 리 그림, 이계순, 차정민 옮김